国家海洋创新指数试评估报告 2013

国家海洋局第一海洋研究所　编

海洋出版社

2015年·北京

图书在版编目(CIP)数据

国家海洋创新指数试评估报告.2013 / 国家海洋局
第一海洋研究所编.—北京：海洋出版社,2015.5
　ISBN 978-7-5027-9158-2

　Ⅰ.①国… Ⅱ.①国… Ⅲ.①海洋经济－技术革新－
研究报告－中国－2013 Ⅳ.①P74

　中国版本图书馆CIP数据核字(2015)第137989号

责任编辑：苏　勤　　杨传霞
责任印制：赵麟苏

海洋出版社　出版发行
http://www.oceanpress.com.cn
北京市海淀区大慧寺路 8 号　　　邮编：100081
北京朝阳印刷厂有限责任公司印刷　　新华书店北京发行所经销
2015年5月第1版　　2015年5月第1次印刷
开本：889mm×1194mm　　1 / 16　　印张：3.75
字数：50千字　　定价：38.00元
发行部：62132549　　邮购部：68038093　　总编室：62114335
海洋版图书印、装错误可随时退换

国家海洋创新指数试评估报告
2013

编辑委员会

前　言

《国家"十二五"海洋科学和技术发展规划纲要》明确提出，"十二五"期间海洋科技发展的目标为"海洋自主创新能力明显增强、沿海区域科技创新能力显著提升、海洋科技创新体系更加完善，海洋科技对海洋经济的贡献率达到60％以上，基本形成海洋科技创新驱动海洋经济和海洋事业可持续发展的能力"。为了响应国家海洋创新战略要求，跟进国家创新体系建设步伐，国家海洋局第一海洋研究所开展了海洋创新指数的研究工作，编写完成了《国家海洋创新指数试评估报告2013》（以下简称《报告》）。

《报告》在参考国内外科技统计指标研究的基础上，借鉴《国家创新指数报告2013》中关于国家创新指数的评价方法，从海洋创新环境、海洋创新投入、海洋创新产出、海洋创新绩效四个方面构建了国家海洋创新指数的指标体系，客观评估我国的国家海洋创新能力和区域海洋创新能力，切实反映我国海洋创新的质量和效率。

《报告》采用国际通用方法测算国家海洋创新指数，所用数据以《中国海洋统计年鉴》、科技部科技统计和科技成果登记数据为主，辅以其他权威数据库和出版物的相关数据。以2001—2012年的海洋统计数据为基准数据，测算我国历年的国家海洋创新指数，并对其进行综合评估；以2012年海洋统计数据为基准数据，测算我国的区域海洋创新指数，并对三大海洋经济圈的海洋创新能力进行测算评估，从态势分析的角度阐述了我国海洋创新发展状况。

创新驱动发展已经成为我国的国家战略，对海洋创新的研究工作具有重要的指导意义。开展国家海洋创新指数研究不仅能为深入开展海洋创新监测分析与评估工作创造有利条件，而且能为我国海洋创新发展提供指引与参考。衷心希望《国家海洋创新指数试评估报告2013》能够成为社会认识和评估我国海洋发展状况的一个窗口。

本报告受国家海洋局科学技术司委托，由国家海洋局第一海洋研究所海洋政策研究中心组织编写；中国科学院兰州情报研究中心参与编写了海洋科技论文和海洋发明专利的部分内容；国家海洋信息中心等单位提供了数据支持。对国家海洋局科学技术司，以及参与编写和提供数据的单位及个人，在此一并表示感谢。

本报告作为《国家海洋创新指数评估报告》系列年度报告的一次尝试性探索，难免会存在一些问题与不足，敬请各位同仁批评指正。相关意见请反馈至mpc@fio.org.cn。

国家海洋局第一海洋研究所

2015年5月

目　录

一、从数据看我国海洋创新的进步

当今世界，全球科技进入新一轮的密集创新时代，世界海洋大国依靠科技创新和国际合作应对全球变化，走绿色发展的道路。与此同时，海洋科技向大科学、高技术体系方向发展，进入了大联合、大协作、大区域发展阶段。从国内看，未来5～10年，是海洋科技实现战略性突破的关键时期，海洋经济的发展对科技创新的需求将越来越强烈。

随着《国家"十二五"海洋科学和技术发展规划纲要》的全面实施，我国海洋科技发展不断取得新的重大成就，自主创新能力大幅提升，科技竞争力和整体实力显著增强，部分领域达到国际先进水平，获国家奖励的科技成果、论文和专利数量明显提高，海洋创新条件和环境明显改善。

本报告选取海洋创新资源投入、海洋知识产出和知识服务业三个方面的主要指标，分析我国海洋创新的发展现状。

海洋创新资源投入显著增强。海洋研究与发展（R&D）经费支出大幅上升，R&D人员总量和R&D人员折合全时工作量稳步增长，R&D人员学历构成进一步优化。

海洋知识产出总量凸显优势。海洋科技论文、著作总量稳步增长，海洋发明专利申请、授权量涨势强劲，海洋发明专利处于稳定发展的生命周期，主要专利技术优势扩大。

海洋科技服务海洋经济发展的能力不断增强。2012年海洋科技进步贡献率达到59.08%[①]，与"十一五"相比有了较大幅度的增长。2012年海洋科技成果转化率达到49.05%[②]，科技创新促进成果转化的作用日益彰显。

---

① 2012年海洋科技进步贡献率是根据2006—2012年相关数据测算的7年平均值。
② 2012年海洋科技成果转化率是根据2000—2012年相关数据测算所得。

1. 海洋创新资源投入显著增强

R&D活动是科技创新活动最为核心的组成部分，不仅是知识创造和自主创新能力的源泉，也是全球化环境下吸纳新知识和新技术的能力基础，更是反映科技经济协调发展、衡量经济增长质量和经济增长方式的重要指标。海洋科研机构的R&D经费和人员是重要的海洋创新资源，突出反映了一个国家对海洋创新活动的投入力度和创新人才资源的储备状况。

R&D经费大幅提升。21世纪以来，我国海洋科研机构的R&D经费支出连续11年保持增长趋势。2012年，R&D经费支出相比2001年增长20倍，年均增速达到34.48%。R&D经费占全国海洋生产总值比重通常作为国家海洋科研经费投入强度指标，反映国家海洋创新资金投入强度。2001—2012年，该指标整体呈现增长趋势（见图1-1），年均增速为18.73%。

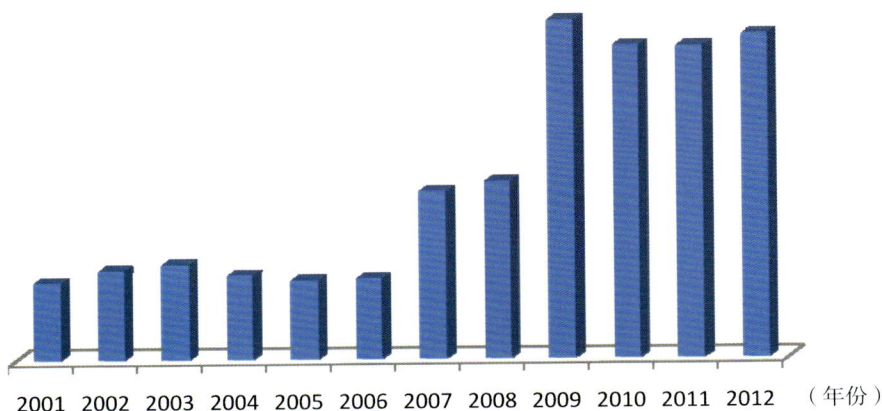

2001 2002 2003 2004 2005 2006 2007 2008 2009 2010 2011 2012 （年份）

图1-1 2001—2012年R&D经费占海洋生产总值比重趋势

R&D人员总量、折合全时工作量稳步上升。我国海洋科研机构的R&D人员总量和折合全时工作量总体呈现稳步上升态势（见图1-2）。2001—2006年增长相对较缓；2006—2007年，二者均出现大幅增长；到2008年，R&D人员折合全时工作量出现波动，而R&D人员总量小幅增长，增长率为5.66%；2009—2012年，二者又恢复稳步增长态势。

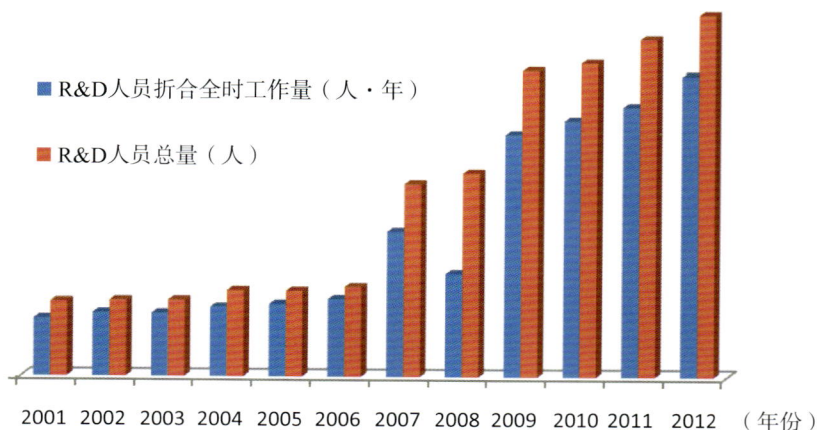

图1-2　2001—2012年海洋科研机构R&D人员总量、折合全时工作量趋势

R&D人员学历构成进一步优化。近3年来，我国海洋科研机构R&D人员中硕士及博士毕业生总数持续增长，2012年硕士和博士毕业生分别占R&D人员总量的29.32%和28.67%（见图1-3）。其中，博士毕业生连续3年保持稳步增长态势，相比2010年增长4.18个百分点；硕士毕业生相比2010年增长0.08个百分点，总体呈上升趋势。相对前两者而言，本科及其他毕业生3年来总体呈下降趋势。

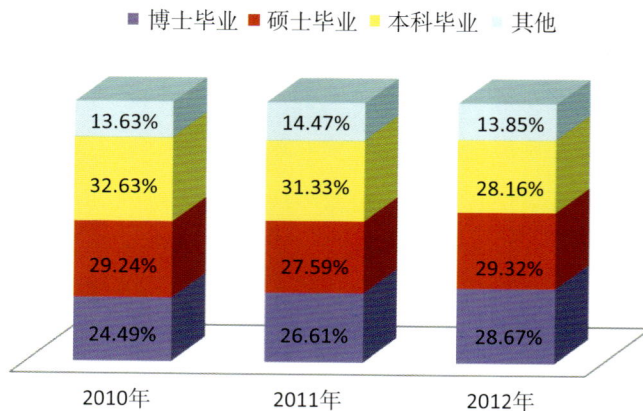

图1-3　2010—2012年海洋科研机构R&D人员学历构成趋势

2. 海洋创新产出总量成果斐然

知识创新是国家竞争力的核心要素。知识产出作为创新活动的中间成果，是科技创新水平和能力的重要体现。海洋科技论文、著作的质量和数量能够反映海洋科技原始创新能力，海洋发明专利申请量和授权量则更加直接地反映了海洋创新的活动程度和技术创新水平。较高的海洋知识扩散与应用能力是创新型海洋强国的共同特征之一。

海洋科技论文、著作总量稳步增长。2001—2012年我国海洋科技论文发表数量总体保持增长态势（见图1-4），2012年比2001年规模扩大了6.6倍，平均每年增长21.52%。其中，2001—2006年海洋科技论文数增长平稳，平均增速为11.80%；2006—2007年和2008—2009年海洋科技论文发生了两次较大的飞跃，增速分别为104.70%和53.43%，是我国海洋科技原始创新能力高速发展的重要阶段；2010年以后海洋科技论文逐渐恢复平稳增长，年均增速为9.20%。

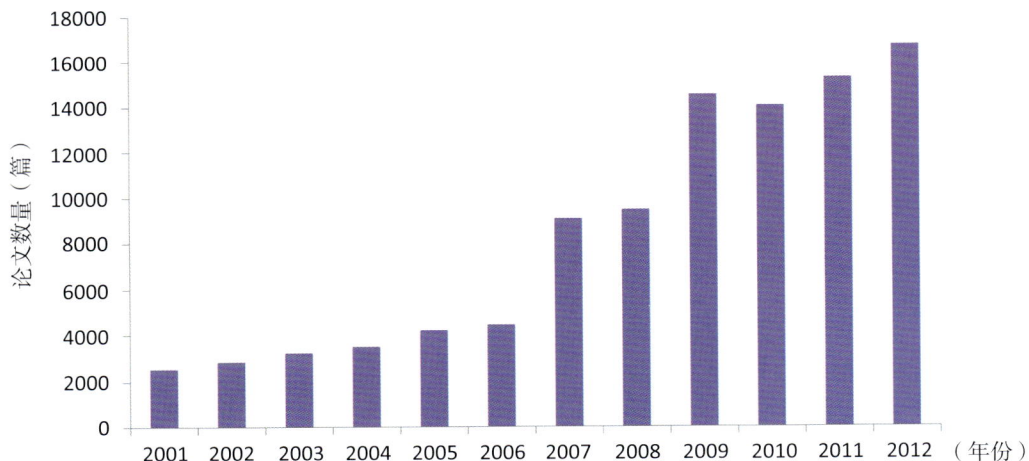

图1-4 2001—2012年海洋科技论文发表数量趋势

从海洋学SCI论文发表数量来看，2001—2012年期间，我国作为第一国家在SCI数据库中发表海洋学领域文章数量呈现逐年递增的趋势，年增长率在10%左右（见图1-5）。但是，我国发表的SCI论文被引次数偏少，被引次数大于50次的论文只占到总论文的2%（见图1-6）。可见，我国海洋学领域论文质量仍有待提高。

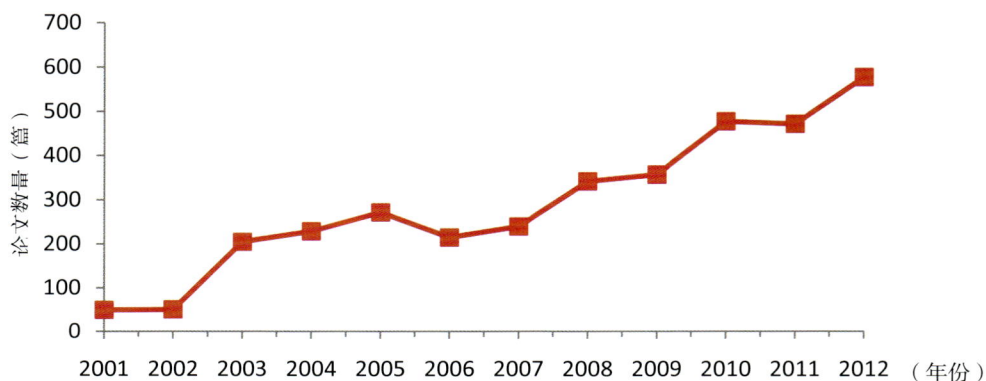

图1-5　我国作为第一国家在海洋学领域的SCI发文数量

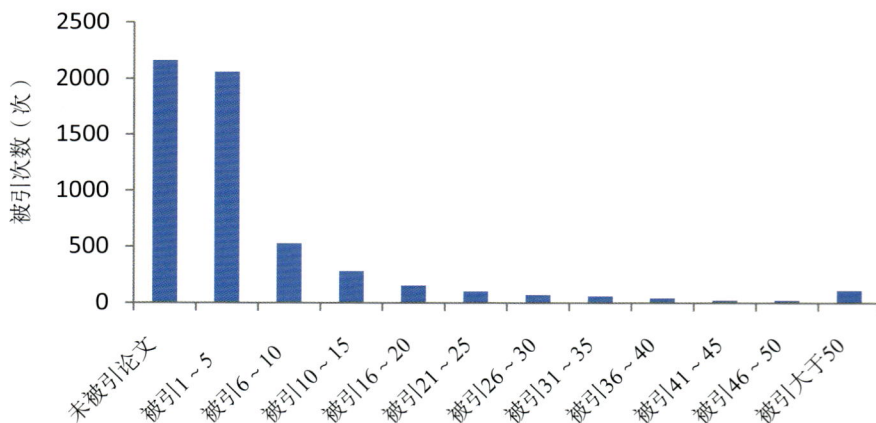

图1-6　我国海洋学领域SCI论文被引次数统计

　　我国海洋科技著作种类呈现明显的持续增长趋势，这种趋势可以分为两个阶段：一是2001—2005年的缓慢增长阶段；二是2006—2012年的快速增长阶段（见图1-7）。2005年海洋科技著作出版量比2001年增长了90.56%，平均每年增长17.58%；2012年海洋科技著作出版量比2006年增长了382.85%，平均每年增长34.10%。可见，近年来我国海洋科技著作种类增长迅猛。

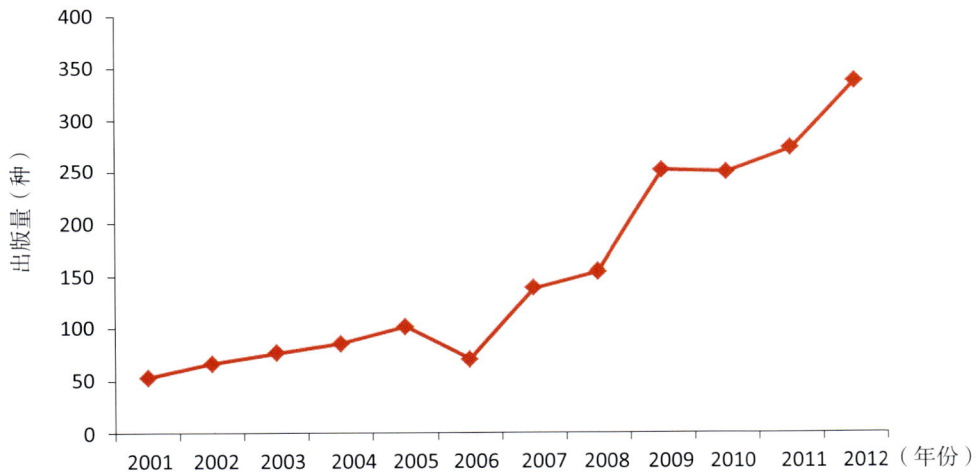

图1-7　2001—2012年我国海洋科技著作出版量变化

　　海洋发明专利申请量、有效专利量涨势强劲。2001—2012年，我国海洋专利申请量逐年上升，图1-8从宏观上展示了海洋领域专利申请数量随年代的变化趋势。海洋领域相关专利的发展大致经历了两个阶段：一是2001—2007年期间的稳步发展阶段，专利申请数量稳步增长，有效专利数量也逐渐增加；二是2008—2012年期间的显著增长阶段，专利申请数量飞速增加，而且经过第一阶段的发展后，有效专利数量也迅速增加。从第二个阶段表现出的明显增长趋势来看，目前我国海洋领域专利技术正处于较为强劲的发展期，未来还有很大的发展空间。

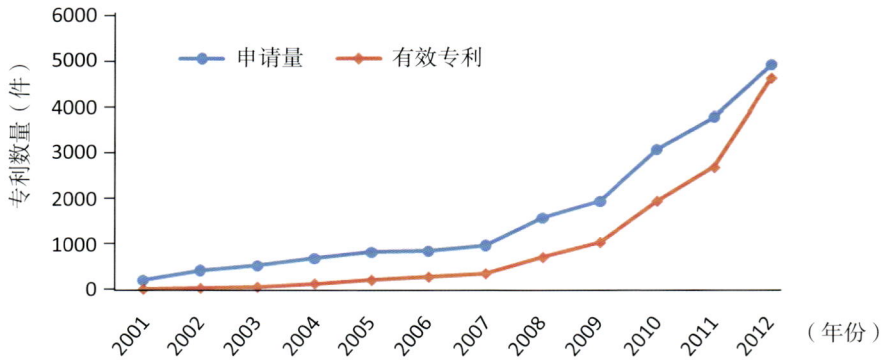

图1-8　海洋领域专利申请量、有效专利量随年代发展趋势

　　海洋发明专利所有权转让许可收入逐步提高。海洋发明专利所有权转让许可收入是指年度内调查单位向外单位转让专利所有权或允许专利技术由被许可单位使用而得到的收入，包括当年从被转让方或被许可方得到的一次性付款和分期付款收入，以及利润分成、股息收入等。2009—2012年我国海洋发明专利所有权转让许可收入呈现递增趋势，2012年达到最高值（见图1-9），表明我国海洋科研成果技术转让所获收益正稳步提高。

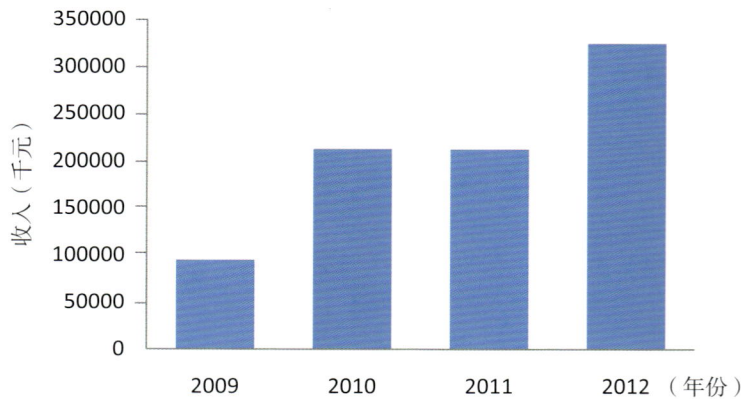

图1-9　2009—2012年我国海洋发明专利所有权转让许可收入趋势

　　海洋主要专利技术优势逐步扩大。前期海洋主要发明专利数量处于领先地位的行业，在后期以更为明显的优势快速增多，处于优势地位后，行业的专利申请量保持稳定（见图1-10）。自2010年以后，海洋各行业专

利技术均迅速增加，海洋专利技术在各个领域全面发展。

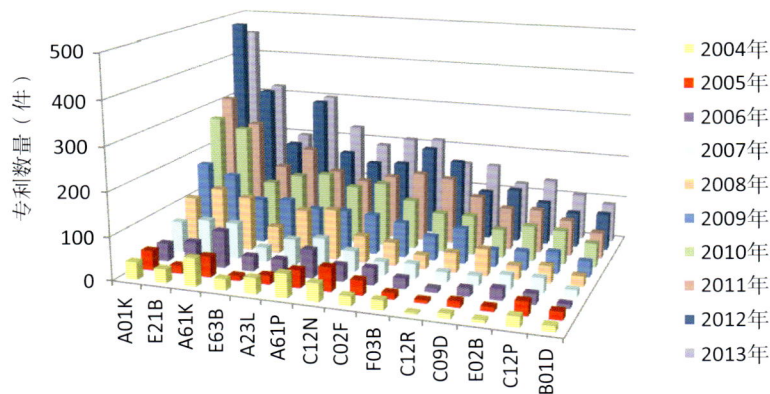

图1-10　主要专利技术近10年申请数量

　　我国海洋专利目前处于发展期，但令人欣喜的是专利数量和专利申请人次逐年增多。海洋专利技术成熟度维持稳定，表明在海洋领域专利技术有较大发展潜力。海洋领域专利技术在产学研分布中，分布较为均衡，但主要申请人优势相对集中。我国海洋领域专利技术主要分布在渔业、医药、矿物开采、食品等行业，高新技术行业有所欠缺，需要借助海洋创新的契机，加快海洋高新技术行业的发展。

3. 海洋科技对海洋经济发展贡献稳步提升

　　近年来，海洋创新方面的一系列工作扎实推进，一大批成果走上前台，全面影响和推动了海洋创新的进程。在此进程中，海洋创新服务海洋经济社会发展的能力不断增强，科技创新促进成果转化的作用日益彰显。

　　海洋科技进步贡献率平稳增长。海洋科技进步贡献率是指海洋科技进步对海洋经济增长的贡献份额，它是度量海洋科技进步大小的重要指标，也是衡量海洋科技竞争实力和海洋科技转化为现实生产力水平的综合性指标。《国家"十二五"海洋科学和技术发展规划纲要》明确提出"海洋科技对海洋经济的贡献率达到60％以上"。根据科技部海洋科技统计、海洋科技成果登记数据和《中国海洋统计年鉴》，基于加权改进的索洛余值法（测算过程见附录一），测算我国"十一五"期间及"十二五"前期海洋科技进步贡献率（见表1-1）。

表1-1　我国海洋科技进步贡献率

年份	产出增长率（%）	资本增长率（%）	劳动增长率（%）	海洋科技进步贡献率 E（%）
2006—2010	12.86	10.10	4.05	54.40
2006—2012	11.89	8.27	3.40	59.08

从表1-1可以看出，"十一五"期间我国海洋科技进步贡献率为54.40%，2006—2012年达到59.08%。也就是说，在此期间我国海洋生产总值以平均15.14%的速度增长，其中有59.08%来自海洋科技进步的贡献。根据"十一五"以来我国海洋经济发展态势以及劳动投入、资本投入及产出状况进行分析推算，《国家"十二五"海洋科学和技术发展规划纲要》提出的目标有望如期实现。

海洋科技成果转化能力发展良好。海洋科技成果转化率是指进行自我转化或进行转化生产，处于投入应用或生产状态，并达到成熟应用的海洋科技成果占全部海洋科技应用成果的百分率。《全国海洋经济发展"十二五"规划》提出"2015年海洋科技成果转化率达到50%以上"。海洋科技成果能否迅速而有效地转化为现实生产力，已成为一个国家海洋经济发展和腾飞的关键与标志。加快海洋科技成果向现实生产力转化，促进新产品、新技术的更新换代和推广应用，是海洋科技进步工作的中心环节，也是促进海洋经济发展由粗放型向集约型转变的关键所在。根据科技部海洋科技统计和海洋科技成果登记数据，2000—2012年海洋科技成果转化率可达到49.05%。根据测算结果采取趋势外推法进行预测，2015年我国海洋科技成果转化率可达52.48%，能够如期完成《全国海洋经济发展"十二五"规划》提出的目标，充分说明我国海洋创新能力得到进一步提升，海洋可持续发展能力得到进一步增强，我国正稳步地由海洋大国向海洋强国迈进。

二、国家海洋创新指数评估

　　国家海洋创新指数是一个综合指数，由海洋创新环境、海洋创新投入、海洋创新产出、海洋创新绩效4个分指数构成；考虑海洋创新活动的全面性和代表性，以及基础数据的可获取性，本报告选取20个指标（指标体系构建见附录二），反映海洋创新的质量、效率和能力。

　　海洋创新环境分指数连续11年保持上升趋势，年均增速13.15%，尤其在2008年以后，有了飞跃性增长，这得益于其指标"海洋专业大专及以上应届毕业生人数"与"沿海地区人均海洋生产总值"的迅速增长。

　　海洋创新投入分指数持续上升，2007年与2009年的两次飞跃使创新投入分指数迅速增长，年均增速8.17%。其中，"研究与发展人力投入强度"与"研究与发展经费投入强度"两个指标的年均增速分别为13.54%与18.73%，是拉动创新投入分指数上升的主要力量。

　　海洋创新产出分指数增长强劲，年均增速达到24.14%，在4个分指数中增长态势最为迅猛。其中，"亿美元经济产出的发明专利申请数"和"万名R&D人员的发明专利授权数"2个指标增长较快，年均增速分别达37.77%和34.93%，高于其他指标值，成为推动海洋创新产出上升的主导力量。

　　海洋创新绩效分指数上升趋势在4个分指数中较慢，年均增速仅为5.38%。其中，"海洋劳动生产率"在创新绩效分指数的6个指标中增长较为稳定，对海洋创新绩效的增长起着积极的推动作用。

　　国家海洋创新指数显著上升，海洋创新能力大幅提高。设定2001年我国的国家海洋创新指数基数值为100，则2008年国家海洋创新指数为211；2009年增幅较大，达到326；2012年则为421，国家海洋创新指数的年均增速为14.68%。

1. 海洋创新环境分指数评估

海洋创新环境包括创新过程中的外部硬环境和软环境，是提升我国海洋创新能力的重要基础和保障。海洋创新环境分指数反映一个国家海洋创新活动所依赖的外部环境，主要是制度创新和环境创新。海洋创新环境分指数选取如下4个指标：①沿海地区人均海洋生产总值；②R&D经费中设备购置费所占比重；③海洋科研机构科技经费筹集额中政府资金所占的比重；④海洋专业大专及以上应届毕业生人数。

海洋创新环境明显改善。2001—2012年，海洋创新环境分指数呈现增长态势，由2001年的100上升至2012年的372，增幅达272%，年均增速达到13.04%。2008年，随着我国对海洋创新总体环境的重视程度不断提高，海洋创新环境分指数的增长速度加快，2001—2008年的年均增速为9.64%，2009—2012年的年均增速为16.60%，提高了6.96个百分点。这主要得益于其指标"海洋专业大专及以上应届毕业生人数"的迅速增长（见图2-1和表2-1），尤其是2008年以后，该指标增长迅猛，由309增长至2012年的846，2009—2012年年均增长速度达34.32%。

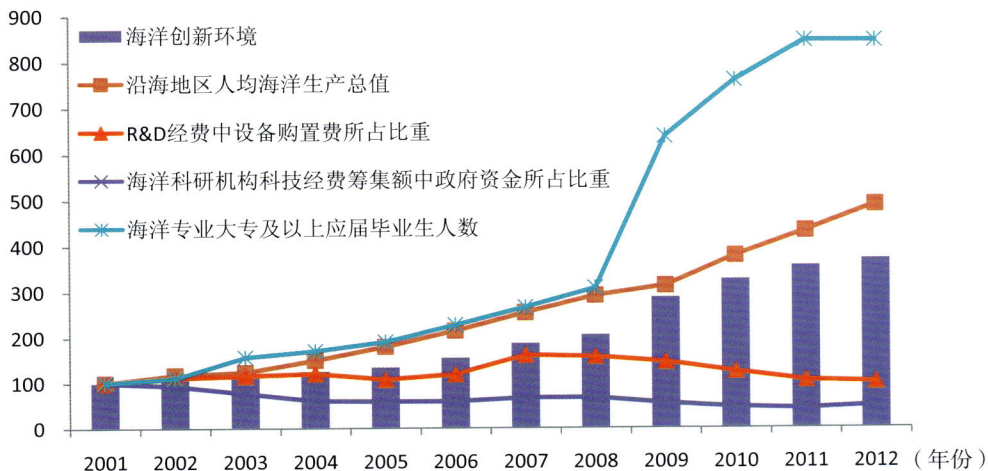

图2-1　海洋创新环境分指数及其指标变化趋势

表2-1　海洋创新环境分指数及其指标历年得分

年份	分指数	指标			
	海洋创新环境	沿海地区人均海洋生产总值	R&D经费中设备购置费所占比重	海洋科研机构科技经费筹集额中政府资金所占比重	海洋专业大专及以上应届毕业生人数
	B1	C1	C2	C3	C4
2001	100	100	100	100	100
2002	108	118	112	94	111
2003	118	124	116	77	157
2004	126	150	121	61	171
2005	134	180	108	59	191
2006	155	215	119	59	228
2007	187	255	161	67	267
2008	206	292	158	67	309
2009	288	314	146	55	639
2010	328	379	125	46	761
2011	357	433	105	43	847
2012	372	490	101	50	846

优势指标与劣势指标并存。海洋创新环境分指数的指标中，一直保持上升趋势的指标有"沿海地区人均海洋生产总值"、"海洋专业大专及以上应届毕业生人数"。其中，"沿海地区人均海洋生产总值"得分呈现明显的稳定上升趋势，年均增长速度为13.90%，在4个指标中，该指标与海洋创新环境分指数的得分和走势都最为接近。从"海洋专业大专及以上应届毕业生人数"来看，2012年此项指标得分是2001年的8.46倍，年均增长速度达23.86%，在4个指标中增长最快。

海洋创新环境劣势指标为"R&D经费中设备购置费所占比重"、

"海洋科研机构科技经费筹集额中政府资金所占比重"。"R&D经费中设备购置费所占比重"得分有一定的波动,总体呈下滑趋势,最高值出现在2007年,之后逐渐下降,由161下降至2012年的101。"海洋科研机构科技经费筹集额中政府资金所占比重"得分整体呈现下滑趋势,得分由2001年的100下降至2012年的50,年均下滑速度为5.38%。

2. 海洋创新投入分指数评估

海洋创新投入能够反映一个国家对海洋创新活动的投入力度。创新型人才资源供给能力以及创新所依赖的基础设施投入水平,是国家海洋持续开展创新活动的基本保障。海洋创新投入分指数采用如下5个指标:①研究与发展经费投入强度;②研究与发展人力投入强度;③科技活动人员中高级职称所占比重;④科技活动人员占海洋科研机构从业人员的比重;⑤万名科研人员承担的课题数,分别从资金投入、人力投入等角度对我国海洋创新资源投入和配置能力进行评估。

海洋创新投入分指数升势趋稳。2012年海洋创新投入分指数得分为221(见表2-2),是2001年的2.21倍,2001—2012年的年均增速为8.17%。从海洋创新投入分指数的历史变化情况来看,2007年和2009年涨幅最为明显,年增长速率分别为37.86%和32.28%;2009年以后,海洋创新投入分指数在小范围内波动增长,至2012年到达历史最高值。总体来看,2001—2012年期间,我国的海洋创新投入分指数稳步上升。

指标变化差异较大。从海洋创新投入的5个指标的变化趋势来看(见图2-2和图2-3),有2个指标呈快速上升趋势,2个指标基本持平,1个指标虽整体呈现增长趋势但具有阶段性。其中,"研究与发展经费投入强度"波动幅度最大,其次是"研究与发展人力投入强度"指标。2001—2012年,2个指标均呈现增长趋势,年均增速分别为18.73%和13.54%,是拉动海洋创新投入分指数上升的主要力量。

表2-2　海洋创新投入分指数及其指标得分

年份	分指数	指标				
	海洋创新投入	研究与发展经费投入强度	研究与发展人力投入强度	科技活动人员中高级职称所占比重	科技活动人员占海洋科研机构从业人员的比重	万名科研人员承担的课题数
	B2	C5	C6	C7	C8	C9
2001	100	100	100	100	100	100
2002	104	115	94	104	100	106
2003	107	123	88	103	100	120
2004	107	109	93	106	104	126
2005	109	102	87	111	104	139
2006	114	104	85	117	104	159
2007	157	216	173	115	109	173
2008	162	229	179	113	112	179
2009	215	435	263	111	112	152
2010	209	403	263	111	115	153
2011	212	402	277	114	112	156
2012	221	417	293	117	114	164

图2-2　海洋创新投入分指数及其指标变化趋势

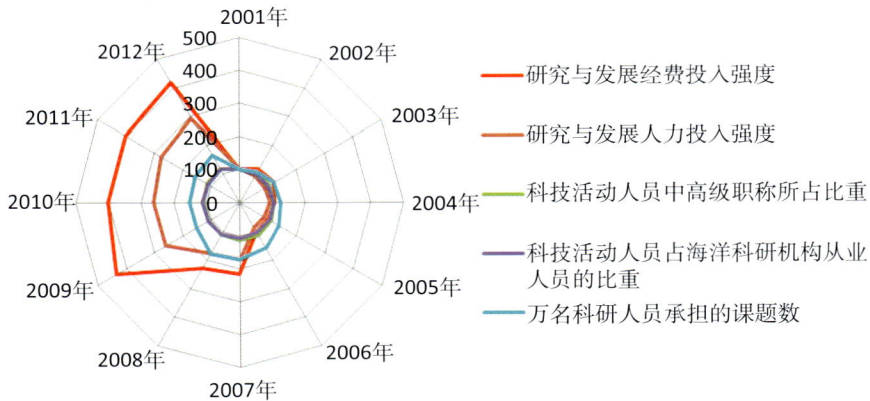

图2-3　海洋创新投入分指数及其指标对比分析

指标"海洋科技活动人员中高级职称所占比重"反映一个国家海洋科技活动的顶尖人才力量，"科技活动人员占海洋科研机构从业人员的比重"能够反映一个国家海洋创新活动科研力量的强度。2个指标自2001年以来，增速基本持平，年均增长速度分别为1.44%和1.23%，增长趋势较为缓慢。

指标"万名科研人员承担的课题数"能够反映海洋科研人员从事海洋创新活动的强度。其变化趋势以2009年为界，2001—2008年期间为稳定上涨趋势，年均增长速度为8.71%，2009年出现15.00%的负增长，之后直至2012年保持稳定增长态势。

3. 海洋创新产出分指数评估

海洋创新产出是创新活动的直接产出，能够反映一个国家的海洋科研产出能力和知识传播能力。海洋创新产出分指数选取如下5个指标：①亿美元经济产出的发明专利申请数；②万名R&D人员的发明专利授权数；③本年出版科技著作（种）；④万名科研人员发表的科技论文数；⑤国外发表的论文数占总论文数的比重。通过指标论证我国海洋创新产出的能力和水平，既能反映科技成果产出效应，又综合考虑了发明专利、科技论文、科技著作等各种成果产出。

海洋创新产出分指数迅速增长。从海洋创新产出分指数及其增长率来看（见表2-3和图2-4），我国的海洋创新产出分指数增长迅速，从2001年的100增长至2012年的916，提高了8.16倍，在4个一级分指数中涨势最为迅猛。由图2-5可得出海洋创新产出分指数增长可大致划分为两个阶段：第一个阶段是以2008年为界，2008年之前，海洋创新产出呈现相对缓慢的上升趋势，年均增长率保持在19.87%左右，处于低速增长阶段；2008年以后，海洋创新产出分指数迅速增长，第二个阶段是2008—2012年的年增长速度达到30.11%，处于高速增长阶段，2009年分指数的年增长速度达到峰值89.34%。

表2-3　海洋创新产出分指数及其指标得分

年份	分指数	指标				
	海洋创新产出	亿美元经济产出的发明专利申请数	万名R&D人员的发明专利授权数	本年出版科技著作（种）	万名科研人员发表的科技论文数	国外发表的论文数占总论文数的比重
	B3	C10	C11	C12	C13	C14
2001	100	100	100	100	100	100
2002	126	156	133	125	115	103
2003	170	282	196	143	131	97
2004	212	278	373	160	141	108
2005	237	241	463	191	173	117
2006	228	207	534	132	130	139
2007	303	339	453	260	250	210
2008	341	414	552	291	247	203
2009	646	1227	1137	475	213	179
2010	717	1515	1181	472	194	223
2011	785	1476	1508	515	204	221
2012	916	1539	1958	638	217	227

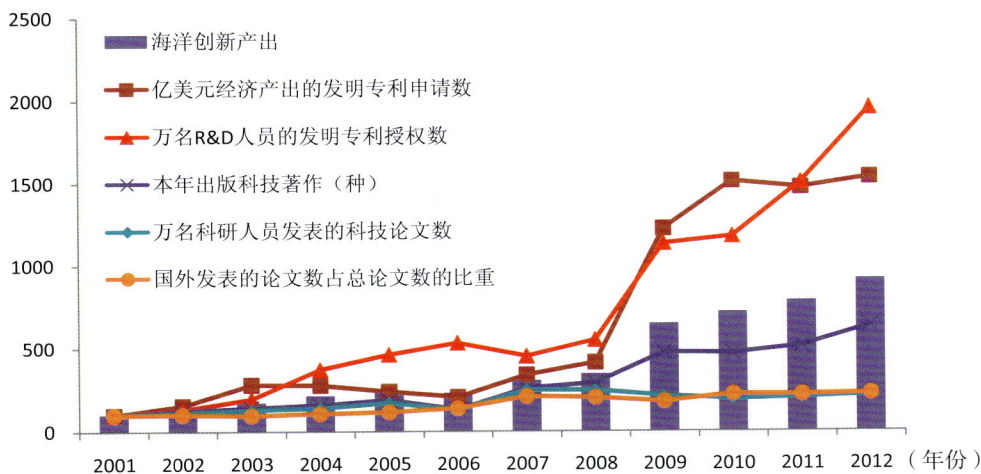

图2-4　海洋创新产出分指数及其指标变化趋势

指标的贡献不一。从海洋创新产出5个指标的变化趋势来看（图2-4和图2-5），"亿美元经济产出的发明专利申请数"和"万名R&D人员的发明专利授权数"2个指标波动幅度最大，尤其在2008—2009年，是上述2个指标增长最快的一年，分别由2008年的414和552上升至2009年的1227和1137，年增长速度分别达196.49%和106.06%，其他年份2个指标呈现小幅波动现象。总体来看，2001—2012年，2个指标呈现平稳且相对较快的增长，年均增长速度分别达37.77%和34.93%。2个指标得分远高于其他指标值，成为推动海洋创新产出上升的主导力量。

2001—2012年间，"本年出版科技著作"指标呈现平稳增长趋势，年均增长率为22.20%。其中，2001—2005年，该指标以17.67%的速度缓慢增长，2006年略微下降；2006—2007年与2008—2009年，是此项指标的两个快速上升阶段，也是其增长最快的阶段，年增长速度分别为96.97%与63.23%；2009年以后，"本年出版科技著作"指标得分上升速率逐渐加快。

"万名科研人员发表的科技论文数"即平均每万名科研人员发表的科技论文数，反映了科学研究的产出效率。"国外发表的论文数占总论文数

"的比重"是指一国发表的科技论文中，在国外发表的论文所占的比重，反映了科技论文的高质量程度。2001—2012年间，2个指标得分均呈稳定增长趋势，增长相对缓慢（图2-4），年均增长速度分别为10.43%和8.91%。

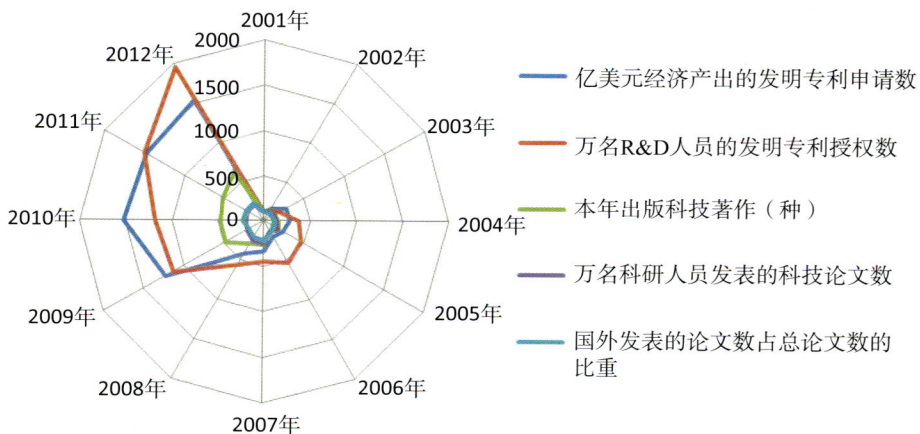

图例：
- 亿美元经济产出的发明专利申请数
- 万名R&D人员的发明专利授权数
- 本年出版科技著作（种）
- 万名科研人员发表的科技论文数
- 国外发表的论文数占总论文数的比重

图2-5　海洋创新产出分指数及其指标对比分析

4. 海洋创新绩效分指数评估

海洋创新绩效能够反映一个国家开展海洋创新活动所产生的效果和影响。海洋创新绩效分指数选取如下6个指标：①海洋科技成果转化率；②海洋科技进步贡献率；③海洋劳动生产率；④科研教育管理服务业占海洋生产总值比重；⑤单位能耗的海洋经济产出；⑥海洋生产总值占国内生产总值的比重，综合评估我国海洋创新活动所带来的效果和影响。

海洋创新绩效分指数有序上升。表2-4是海洋创新绩效分指数及其指标的历年得分，从指数得分情况看，我国的海洋创新绩效分指数从2001年的100增长至2012年的177，呈现平稳而有序的增长状态，增长速度相对缓慢，年均增长速度为5.38%，在4个分指数中增长最为缓慢，但是其增长趋势表明我国海洋创新绩效总体发展水平已经取得了一定的进步，有力地促进了我国海洋经济的发展。

表2-4　海洋创新绩效分指数及其指标得分

年份	分指数	指标					
	海洋创新绩效	海洋科技成果转化率	海洋科技进步贡献率	海洋劳动生产率	科研教育管理服务业占海洋生产总值比重	单位能耗的海洋经济产出	海洋生产总值占国内生产总值的比重
	B4	C15	C16	C17	C18	C19	C20
2001	100	100	100	100	100	100	100
2002	105	103	112	110	94	104	108
2003	104	88	124	108	101	101	101
2004	113	105	139	124	100	103	106
2005	122	122	155	141	96	107	110
2006	136	149	186	162	92	115	115
2007	144	166	186	180	91	130	111
2008	150	183	165	204	92	148	109
2009	154	161	189	219	94	152	109
2010	166	158	206	261	85	169	114
2011	167	135	194	294	84	186	111
2012	177	134	214	319	86	197	111

　　"海洋科技成果转化率"是衡量海洋科技转化为现实生产力水平的重要指标。2008年以前，我国海洋科技成果转化率基本保持线性上升趋势；2008年以后，呈现下滑趋势，直至2011—2012年趋于稳定（见图2-6）。这种波动趋势表明，2008年年底的国际金融危机给国内海洋科技成果转化带来较大的负面影响，但是国家通过提高技术水平、推出产业结构合理化的政策支持，逐渐恢复平稳发展。

　　"海洋科技进步贡献率"指标虽然出现"波峰—波谷—波峰"的周期变化，但是总体呈现上升趋势，由2001年的100上升至2012年的214，年均增长速度为7.56%，表明我国海洋科技进步贡献率的稳步增长。

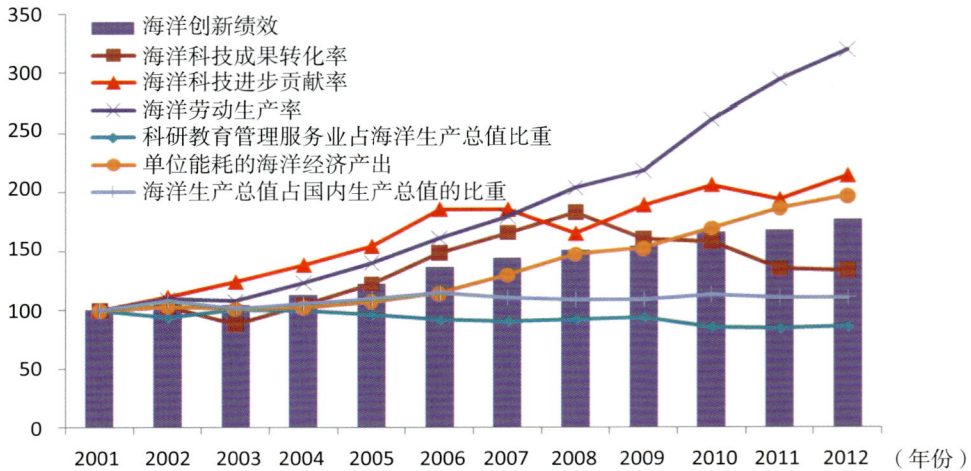

图2-6　海洋创新绩效分指数及其指标变化趋势

　　"海洋劳动生产率"采用海洋科技人员的人均海洋生产总值，反映海洋创新活动对海洋经济产出的作用。2001—2012年间，"海洋劳动生产率"指标迅速增长，年均增长速度为11.26%，是创新绩效分指数的6个指标中增长最快最稳定的指标（图2-6和图2-7），表明海洋创新活动对海洋经济的拉动作用显著增长。

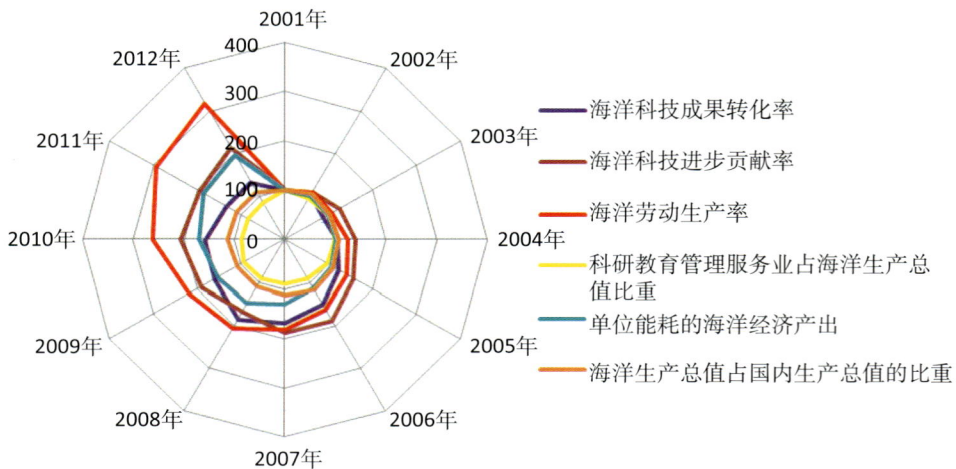

图2-7　海洋创新绩效分指数及其指标对比分析

"科研教育管理服务业占海洋生产总值比重"能够反映海洋科研、教育、管理及服务等活动对海洋经济的贡献程度，该指标是6个指标中唯一呈现总体下降趋势的指标，由2001年的100经历波动降至2012年的86，年均降速为1.29%。表明海洋科研、教育和管理服务等活动对海洋经济的贡献程度呈现相对下降趋势，需要加强海洋科研、教育和管理服务等方面的重视，努力提高其对海洋经济的贡献。

"单位能耗的海洋经济产出"采用吨标准煤能源消耗的海洋生产总值，用来测度海洋创新带来的减少资源消耗的效果，也反映出一个国家海洋经济增长的集约化水平。2001—2012年间，"单位能耗的海洋经济产出"指标增长迅速，年均增长速度为6.47%，呈现稳定的增长趋势（图2-6）。指标增长趋势表明海洋创新活动促使国家海洋经济增长的集约节约化水平不断提高。

"海洋生产总值占国内生产总值的比重"反映海洋经济对国民经济的贡献，用来测度海洋创新对海洋经济的推动作用。图2-6和图2-7表明，该指标变化不明显，2012年仅比2001年增长11个点，得分较为稳定，增长速度缓慢，年均增速只有1.04%，反映出海洋经济对国民经济的贡献在稳定增长。

5. 海洋创新指数综合评估

国家海洋创新指数显著上升。如果将2001年我国的国家海洋创新指数定为基数100，则2008年国家海洋创新指数为211，2012年达到最高值421，海洋创新指数逐年上升，年均增长速度为14.68%，增速持续加快（见图2-8）。

2001—2012年国家海洋创新指数保持持续上升的趋势，增长速度出现不同程度的波动，最为突出的是2009年出现波峰，国家海洋创新指数由2008年的211增长为2009年的326，增长速度达到峰值54.73%，主要是因为2008年国际金融危机波及我国海洋事业，海洋创新发展也受到一定的影响；而2009年我国海洋科技迅速恢复平稳发展，海洋创新指数大幅增长，海洋经济也逐渐回暖。以2009年为界，2001—2008年，国家海洋创新指数保持平稳上升趋势，年均增长速度为11.41%；而2009年及以后，即2010—2012年，国家海洋创新指数一直保持在300以上，恢复稳定增长趋势，指数的年均增长速度为20.40%，增速持续加快。

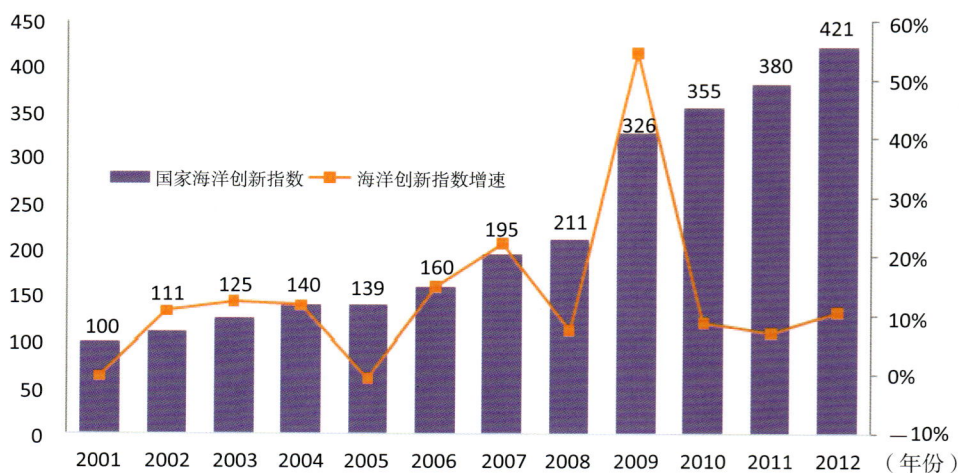

图2-8　国家海洋创新指数历年变化及增速趋势

国家海洋创新指数与4个分指数关系密切，4个分指数对创新指数的影响各不相同。构成国家海洋创新指数的4个分指数均呈现不同程度的上升态势（见表2-5），尤其是海洋创新产出分指数，表现出迅速增长态势（见图2-9）。海洋创新环境分指数与海洋创新指数最为接近，其值和趋势变化比较类似。海洋创新投入分指数与海洋创新指数变化趋势基本一致，仅在2010年海洋创新投入出现负增长，与海洋创新指数8.91%的正增长速度差异较大。而海洋创新产出分指数得分值远远高于海洋创新指数，说明海洋创新产出对海洋创新指数有较大的正贡献。海洋创新绩效分指数与海洋创新指数变化趋势的差异最大，分指数基本呈现平稳缓慢的线性增长，年度增长速度出现小范围波动，与海洋创新指数的增长速度有较大差异。

表2-5　国家海洋创新指数和各分指数变化

年份	综合指数	分指数			
	国家海洋创新指数	海洋创新环境	海洋创新投入	海洋创新产出	海洋创新绩效
	A	B1	B2	B3	B4
2001	100	100	100	100	100
2002	111	108	104	126	105
2003	125	118	107	170	104
2004	140	126	107	212	113
2005	139	134	109	237	122
2006	160	155	114	228	136
2007	195	187	157	303	144
2008	211	206	162	341	150
2009	326	288	215	646	154
2010	355	328	209	717	166
2011	380	357	212	785	167
2012	421	372	221	916	177

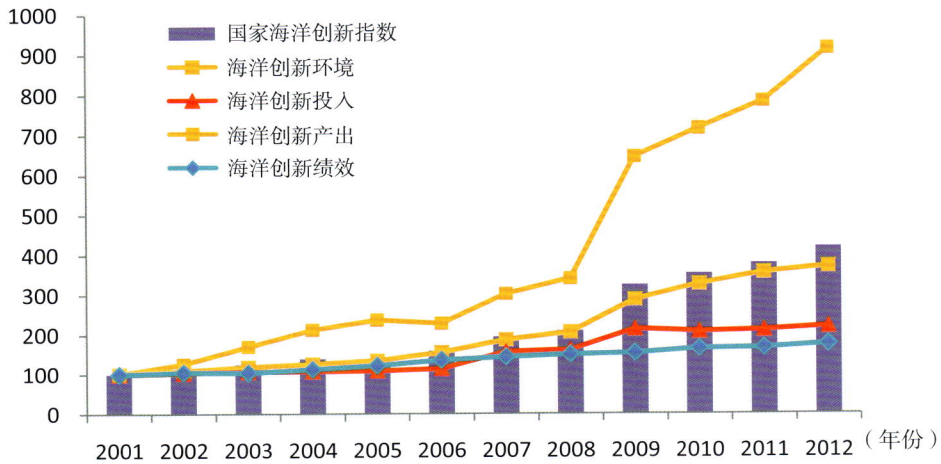

图2-9　国家海洋创新指数及其分指数历年变化趋势

海洋创新环境是海洋创新活动顺利开展的重要保障。《国家"十二五"海洋科学和技术发展规划纲要》颁布实施以来，我国海洋创新的总体环境极大改善，海洋创新环境分指数一直呈上升趋势，年均增速为13.04%（见表2-6），与国家海洋创新指数的年均增长速度14.68%最为接近（见图2-10），各年增速均呈现正增长，在4个分指数中位列第二，仅低于海洋创新产出分指数。

表2-6　国家海洋创新指数和分指数增长速度

年份	综合指数	分指数			
	国家海洋创新指数	海洋创新环境	海洋创新投入	海洋创新产出	海洋创新绩效
	A	B1	B2	B3	B4
2001	0.00%	0.00%	0.00%	0.00%	0.00%
2002	10.84%	8.48%	3.72%	26.22%	4.93%
2003	12.53%	9.12%	2.89%	34.49%	-0.82%
2004	11.87%	6.21%	0.60%	25.14%	8.21%
2005	−0.45%	6.93%	1.16%	11.48%	8.27%
2006	15.06%	15.55%	4.92%	−3.59%	11.79%
2007	22.27%	20.55%	37.86%	32.51%	5.61%
2008	7.76%	10.27%	3.26%	12.82%	4.46%
2009	54.73%	39.62%	32.28%	89.34%	2.44%
2010	8.91%	13.74%	−2.71%	10.93%	7.58%
2011	7.21%	8.86%	1.65%	9.48%	1.08%
2012	10.78%	4.16%	4.18%	16.67%	5.61%
年均增速	14.68%	13.04%	8.17%	24.14%	5.38%

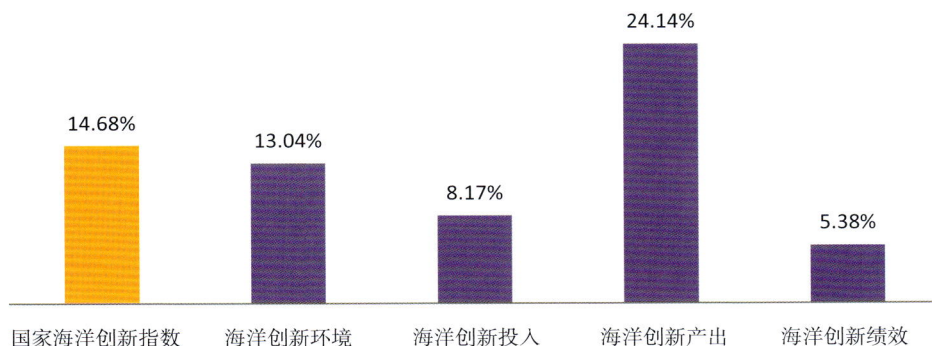

图2-10 2001—2012年国家海洋创新指数及分指数的年均增长速度

2001—2012年，我国海洋创新投入分指数平均增速为8.17%，除2010年出现2.71%的负增长外（见图2-11），其余各年增速均呈现正增长，充分体现了我国海洋创新资源投入持续增加的发展态势。海洋创新资源的大幅增长为我国海洋创新能力的提高和经济转型发展提供了根本保障。

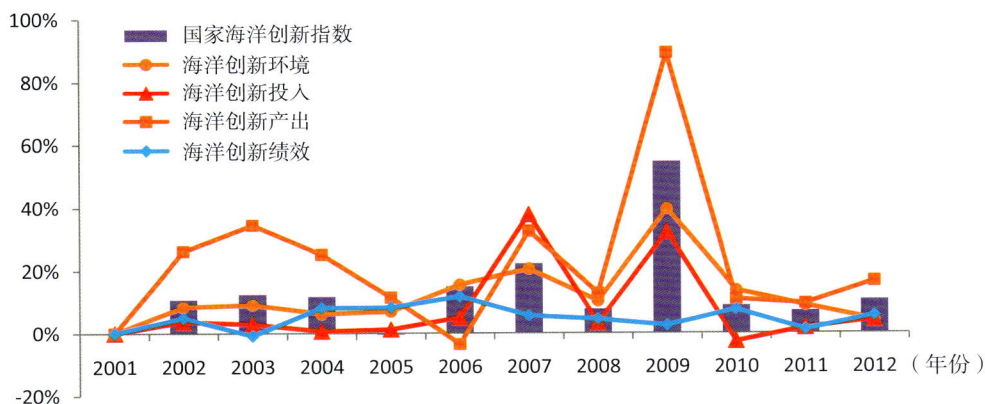

图2-11 国家海洋创新指数及分指数的历年增长速度

在我国海洋创新能力大幅提升的过程中，海洋创新产出分指数的贡献最大，年均增速达到24.14%，在4个分指数中最高（见图2-10）。表明我国的海洋科研能力迅速增强，海洋知识创造及其转化运用为海洋创新活动提供了强有力的支撑。海洋创新产出能力的提高为增强国家原始创新能力、提高自主创新水平提供了重要源泉。

　　促进海洋经济发展是开展海洋创新活动的终极目标，是进行海洋创新能力评估不可或缺的组成部分。从近年来的变化趋势来看，我国海洋创新绩效稳步提升。2001—2012年，我国海洋创新绩效分指数年均增速达到5.38%，除2003年出现负增长外，其余各年均呈现正增长趋势，增速最高值出现在2006年，为11.79%。

三、区域海洋创新指数评估

区域海洋创新是国家海洋创新的重要组成部分，也是国家海洋创新的增长点和动力源，二者具有十分密切的关系，区域海洋创新的发展及其特点影响着国家海洋创新的格局。分析区域海洋创新的发展状况以及特点是明晰我国海洋创新格局的基础和前提。

区域海洋创新分析最为直接的意义，就是可以从数理分析的角度清晰地了解各地区在海洋创新资源、创新投入、创新产出以及对经济发展的影响作用等各个方面的表现，从而更好地从总体上把握海洋强国的建设进程。

从区域角度看，近年我国沿海地区积极优化海洋经济总体布局，实行优势互补、联合开发，充分发挥环渤海、长江三角洲和珠江三角洲三个经济区的引领作用，推进形成我国北部、东部和南部三个海洋经济圈[①]。

纵观北部、东部和南部三个海洋经济圈的区域海洋创新指数[②]，呈现东部较强而北部和南部较弱的特点。东部经济圈的海洋创新指数最高，表现出很强的原始创新能力，充分显示出长江三角洲经济区作为我国重要的海洋人才集聚地和海洋经济产业重点发展区域的优势。北部和南部海洋经济圈的区域海洋创新指数比较接近，分别为74.24和70.88，均小于80，与东部海洋经济圈的90.40有较大差距，但各自有着不同的功能定位和区域创新中心。

北部海洋经济圈的海洋创新指数为74.24，在三大海洋经济圈中居中。4个分指数得分差异化较大，其中，海洋创新投入和海洋创新产出两个分指数得分均较高，均为100（见表3-1），其次是海洋创新环境，得分为73.87，而海洋创新绩效分指数得分太低，仅有23.10，是造成海洋创新指数较低的主要因素，在三大海洋经济圈中得分最低（见图3-1），说明北部海洋经济圈的创新效率亟须提升，且提升的空间较大。海洋创新

[①]本报告海洋经济圈分区的依据是《全国海洋经济发展"十二五"规划》。
[②]由于香港、澳门、台湾海洋相关数据的获取难度较大，本次测算分析区域海洋创新指数时暂不予考虑。

投入和海洋创新产出分指数在三大经济圈中得分最高，分别得益于指标"R&D经费投入强度、科技活动人员中高级职称的比重"和"本年出版科技著作"，说明国家对北部海洋经济圈创新资金投入较高，科技活动人员综合素质也较高，出版的科技著作种类也较多。

表3-1 海洋经济区创新指数与分指数

经济圈	综合指数	分指数			
	区域海洋创新指数	海洋创新环境	海洋创新投入	海洋创新产出	海洋创新绩效B4
	A	B1	B2	B3	B4
北部海洋经济圈	74.24	73.87	100.00	100.00	23.10
东部海洋经济圈	90.40	100.00	69.15	92.45	100.00
南部海洋经济圈	70.88	47.76	63.75	78.51	93.49

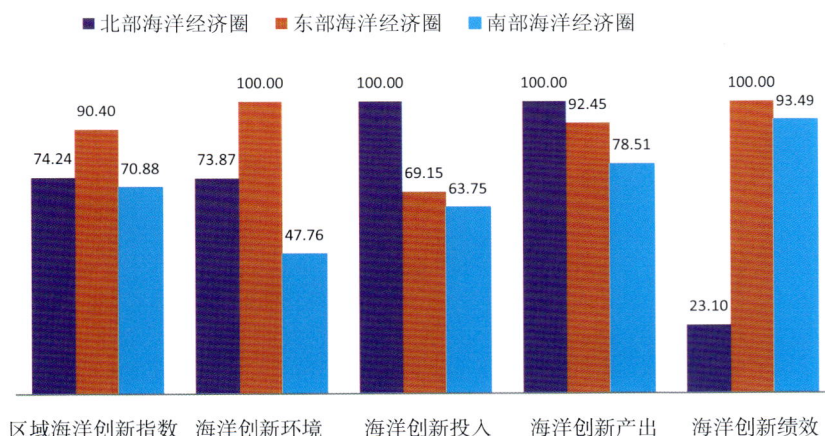

图3-1 我国三大海洋经济圈海洋创新指数与分指数得分

东部海洋经济圈的海洋创新指数为90.40，居三大海洋经济圈之首（见表3-1）。4个分指数中得分较高的一级是海洋创新环境和海洋创新绩效，均为100；其次是海洋创新产出，得分为92.45；3个分指数对该区域的海洋创新指数有较大的正贡献。得分较低的一级是海洋创新投入，仅有

69.15，对区域的海洋创新指数呈现负贡献效应。海洋创新环境和海洋创新绩效的较高得分充分说明该区域优势突出，经济实力雄厚，优越的海洋创新环境和优质的海洋创新资源，为区域海洋科技与经济发展创造了良好的条件。同时该区域拥有海洋产业优势和制度创新优势，海洋资源基础雄厚，海洋创新绩效显著，在三大海洋经济圈中位居第一（见图3-2），反映出较强的海洋创新能力。

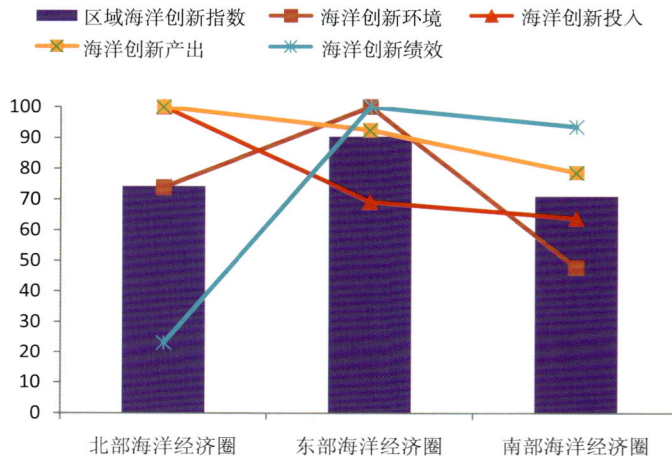

图3-2　我国三大海洋经济圈海洋创新指数与分指数关系

南部海洋经济圈的海洋创新指数为70.88，得分在三大海洋经济圈最低（见表3-1）。4个分指数中海洋创新绩效和海洋创新产出对海洋创新指数有正贡献作用，其得分分别为93.49和78.51；海洋创新环境和海洋创新投入得分都比较低，分别为47.76和63.75。海洋创新指数得分较低的原因主要在于北部湾和海南岛沿岸海洋创新环境相对较弱，海洋创新投入与海洋创新产出水平较低，海洋创新发展有待进一步提高。南部海洋经济圈的4个区域中，珠江口及其两翼的海洋创新指数和4个分指数得分都远高于其他3个区域，因此在以后的海洋创新发展过程中，需要发挥珠江口及两翼的创新总体优势，带动福建、北部湾和海南岛沿岸根据区位优势共同发展，使海洋创新驱动经济发展的模式辐射至整个南部海洋经济圈。

四、我国海洋创新能力的进步与展望

　　随着《国家"十二五"海洋科学和技术发展规划纲要》的全面实施，我国海洋科技发展不断取得新的重大成就，海洋科技进入了协调发展时期，整体实力和竞争力显著增强，自主创新能力大幅提高，海洋创新投入和知识产出规模大幅增长，海洋创新绩效日益显现，海洋创新环境不断完善。国家海洋创新指数的显著上升已经充分显示了这一演变趋势，由2001年的100上升至2012年的最高值421，年均增长率为14.68%，增速持续加快。

　　创新是引领经济增长最为重要的引擎。国家海洋创新能力与海洋经济发展息息相关，海洋经济可以为海洋科技研发提供更为充足的资金保障，从而提高海洋资源利用效率；海洋科技的进步和创新能力的提高，又可以促进海洋经济和国民经济的增长。国家海洋创新指数、海洋生产总值和国内生产总值的增长速度均呈现不规则的波动（见图4-1），但年均增速十分接近，分别为14.68%、16.42%和15.26%（见表4-1）。国家海洋创新指数增速在2009年出现波峰，而海洋生产总值和国内生产总值却跌入波谷。原因在于，2008年年底国际金融危机给我国国民经济和海洋经济带来了很大程度的负面冲击，但是国家通过推动海洋创新，鼓励技术创新，提升科技水平，形成了技术水平更高、产业结构更合理的海洋经济形态。因此，在金融危机负面影响逐渐消退、宏观经济形势回暖的有利外部环境下，2009年以后直至2012年，国家海洋创新指数及其增长速度恢复了平稳上升趋势，促使海洋生产总值和国内生产总值增速逐渐回升。

　　《国家"十二五"海洋科学和技术发展规划纲要》和《全国海洋经济发展"十二五"规划》对海洋科技的原始创新能力、海洋开发技术自主化水平以及海洋科技对经济的贡献率提出明确的指标要求，对这些发展目标实现情况进行分析是检验国家海洋创新能力演变的重要视角，根据"十二五"前期的数据进行趋势分析，更全面地反映我国海洋创新的发展状况（见表4-2）。

表4-1　国家海洋创新指数增长速度与海洋、国内生产总值增长速度

年份	国家海洋创新指数增长率	海洋生产总值增长率	国内生产总值增长率
2001	0.00%	0.00%	0.00%
2002	10.84%	18.41%	9.74%
2003	12.53%	6.05%	12.87%
2004	11.87%	22.67%	17.71%
2005	-0.45%	20.42%	15.67%
2006	15.06%	22.30%	16.97%
2007	22.27%	18.65%	22.88%
2008	7.76%	16.00%	18.15%
2009	54.73%	8.61%	8.55%
2010	8.91%	22.60%	17.78%
2011	7.21%	14.97%	17.83%
2012	10.78%	10.00%	9.69%
平均增速	14.68%	16.42%	15.26%

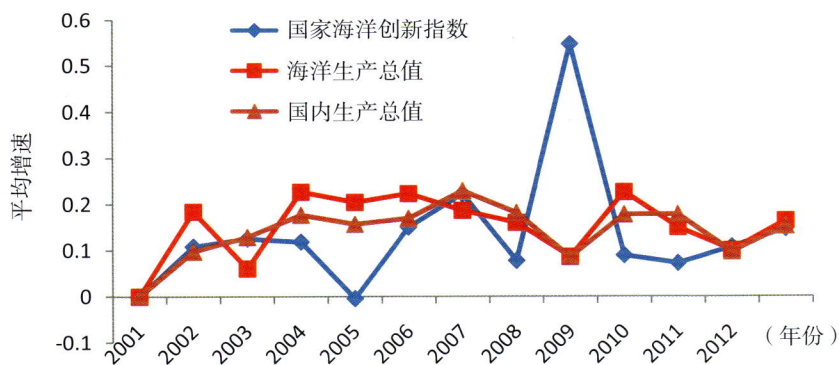

图4-1　国家海洋创新指数、海洋生产总值、国内生产总值增速趋势

2012年，海洋生产总值占国内生产总值比重达到9.64%，海洋科技进步贡献率达到59.08%，科技创新成果转化率达到49.05%，发展态势良好，根据趋势预测分析，在"十二五"期间，将顺利实现规划目标。

表4-2　国家海洋"十二五"规划主要指标完成情况

主要指标	"十一五"	"十二五"目标	2011—2012年	完成情况
海洋生产总值占国内生产总值比重		10%	9.64%	十分接近
海洋科技进步贡献率	54.50%	>60%	59.08%（2006—2012年）	十分接近
科技成果转化率		>50%	49.05%（2000—2012年）	十分接近

展望未来，应进一步加大海洋科技创新资源投入力度，同时注重海洋创新的效率问题，发挥海洋创新的支撑引领作用，转变海洋经济发展方式，依靠海洋科技突破经济社会发展中的能源、资源与环境约束，让海洋创新成为驱动海洋经济发展与转型升级的核心力量，为海洋强国建设提供充足的知识储备和坚实的技术基础。

附　录

附录一　海洋科技进步贡献率测算方法

　　科技进步贡献率是指科技进步对经济增长的贡献份额，它是衡量区域科技竞争实力和科技转化为现实生产力水平的综合性指标。科技进步对经济增长的贡献作用，理论上是一种内含的扩大再生产，其原理可以理解为：使一定数量生产要素的组合，生产出更多产品（使用价值）的所有因素共同发生作用的过程。具体可概括为提高装备技术水平、改良工艺、提高劳动者素质、提高管理决策水平等几个方面，即在影响经济增长的诸因素中，剔除资金和劳动要素对经济增长的贡献后的部分都称为综合要素贡献。宏观经济学认为，除劳动和资本要素投入外，唯有技术水平提高能在中长期促进经济增长。因此，中长期的综合要素贡献可以被称为科技进步贡献。

　　具体到海洋领域上来讲，海洋科技进步贡献率的定义应以海洋科技进步增长率的定义为基础。所谓海洋科技进步增长率，是指人类利用海洋资源和海洋空间进行各类生产、服务活动时，在海洋中或以海洋资源为对象进行社会生产、交换、分配和消费等活动时，剔除资金和劳动等生产要素增长对海洋经济增长率的贡献以外的部分。而该海洋科技进步增长率在海洋经济增长率中所占的份额，就是海洋科技进步贡献率。其在经济学上的涵义是指海洋经济各行业中，一定数量生产要素的组合生产出更多产品（使用价值）的所有因素共同发生作用的过程。也可以理解为在海洋经济增长中，除资本和劳动等固定要素外，其他要素增长所占的份额。

　　从理论角度分析，海洋科技进步贡献率应具有以下4个特点：①对经济的影响是长期的，测算时间在10年以上为妥，最少5年；②相对于劳动和资本，它对产出的影响是间接的；③相对于劳动和资本，科技的投入与产出往往不成比例；④可以从广义理解，也可以从狭义理解，其边界不清楚。

　　目前，进行科技进步贡献率测算广泛而常用的方法是索洛余值法，这也是国家发改委（原计委）、国家统计局及科技部等系统普遍使用的方法。

索洛余值法以柯布—道格拉斯生产函数作为基础模型，该方法表明了经济增长除了取决于资本增长率、劳动增长率以及资本和劳动对收入增长的相对作用的权数，还取决于技术进步，区分了由要素数量增加而产生的"增长效应"和因要素技术水平提高而带来经济增长的"水平效应"，系统地解释了经济增长的原因。

由于海洋经济涉及多个行业和部门，且各行业和部门的资本、劳动要素投入在时间序列上有着各自的特点，为了更好地反映海洋领域各行业的科技进步对海洋经济整体的综合贡献，得出更为准确的测算结果，本次测算按照各行业经济总产值在海洋经济整体中所占的比重，将各行业的科技进步在增长速度测算阶段进行汇总加权，得出海洋科技进步增长率，并进一步测算得出海洋科技进步贡献率。

根据2012年《中国海洋统计年鉴》，我国主要海洋产业包括海洋渔业（17.62%）、海洋油气业（8.04%）、海洋矿业（0.28%）、海洋盐业（0.40%）、海洋船舶工业（7.51%）、海洋化工业（3.79%）、海洋生物医药业（0.52%）、海洋工程建筑业（5.40%）、海洋电力业（0.24%）、海水利用业（0.05%）、海洋交通运输业（23.39%）和滨海旅游业（32.76%）十二大产业。经筛选分析，确定八个可测算行业如下：海水养殖、海洋捕捞、海洋盐业、海洋船舶、海洋石油、海洋天然气、海洋交通运输、滨海旅游。以上八个海洋产业的产值总和约占主要海洋产业总值的89.72%，能够较为有效地反映我国海洋经济发展情况。根据各产业的产出情况，确定其权重值（见附表1-1）。

附表1-1　各产业权重值

产业	权重	产业	权重
海水养殖	0.1054	海洋石油业	0.0705
海洋捕捞	0.0956	海洋天然气	0.0045
海洋盐业	0.0046	海洋交通运输	0.3069
海洋船舶	0.0704	滨海旅游业	0.3421

令第i个产业（i=1，2，3，…，8）分别代表海水养殖、海洋捕捞、海洋盐业、海洋船舶、海洋石油、海洋天然气、海洋交通运输、滨海旅游八个行业：

E：研究期内的海洋科技进步贡献率；

$y_i(t)$：第i产业t期的产出增长率，其中$t \in [t_1, t_2]$；

$k_i(t)$与$l_i(t)$分别表示t期的资本与劳动投入增长率，其中$t \in [t_1, t_2]$；

α与β分别表示海洋产业资本和劳动的弹性系数；

γ_i代表第i产业在总海洋产业中的权重。

k_i，l_i，y_i分别表示$k_i(t)$，$l_i(t)$，$y_i(t)$研究区间t_1至t_2内的平均值，即：

$$k_i = \frac{\sum_{t=t_1}^{t_2} k_i(t)}{n}, \quad l_i = \frac{\sum_{t=t_1}^{t_2} l_i(t)}{n}, \quad y_i = \frac{\sum_{t=t_1}^{t_2} y_i(t)}{n}, \quad \text{其中} \ n = t_2 - t_1$$

k，l，y分别表示k_i，l_i，y_i的加权平均值，即

$$k = \sum_{i=1}^{8} k_i \gamma_i, \quad l = \sum_{i=1}^{8} l_i \gamma_i, \quad y = \sum_{i=1}^{8} y_i \gamma_i \ .$$

由此可得出公式：

$$E = 1 - \frac{\alpha k}{y} - \frac{\beta l}{y} = 1 - \frac{\alpha \sum_{i=1}^{8} k_i \gamma_i}{\sum_{i=1}^{8} y_i \gamma_i} - \frac{\beta \sum_{i=1}^{8} l_i \gamma_i}{\sum_{i=1}^{8} y_i \gamma_i}$$

$$= 1 - \frac{\alpha \sum_{i=1}^{8} \dfrac{\sum_{i=t_1}^{t_2} k_i(t)}{n}}{\sum_{i=1}^{8} \dfrac{\sum_{i=t_1}^{t_2} y_i(t)}{n} \gamma_i} - \frac{\beta \sum_{i=1}^{8} \dfrac{\sum_{i=t_1}^{t_2} l_i(t)}{n}}{\sum_{i=1}^{8} \dfrac{\sum_{i=t_1}^{t_2} y_i(t)}{n} \gamma_i}$$

将各产业的基准数据代入海洋科技进步贡献率公式，经调整和验证，得出我国"十一五"期间海洋科技进步贡献率的平均值为54.40%，2006—2012年期间海洋科技进步贡献率的平均值为59.08%（见附表1-2）。

附表1-2　海洋科技进步贡献率测算值

年份	产出增长率（%）	资本增长率（%）	劳动增长率（%）	海洋科技进步贡献率 E（%）
2006	12.63	9.46	7.32	36.95
2007	16.83	5.57	6.82	61.73
2008	11.97	12.18	2.02	57.67
2009	6.85	13.38	1.63	24.77
2010	16.00	9.90	2.46	70.69
2011	10.79	4.62	2.19	72.97
2012	8.14	2.82	1.39	77.66
2006—2010	12.86	10.10	4.05	54.40
2006—2012	11.89	8.27	3.40	59.08

附录二　国家海洋创新指数指标体系

1. 国家海洋创新指数内涵

国家海洋创新指数是衡量一国海洋创新能力，切实反映一国海洋创新质量和效率的综合性指数。国家海洋创新指数评估借鉴国内外关于国家竞争力和创新评估等理论与方法，基于创新型海洋强国的内涵分析，确定指标选择原则，从海洋创新环境、海洋创新投入、海洋创新产出和海洋创新绩效四个方面构建了国家海洋创新指数的指标体系，力求全面、客观、准确地反映我国海洋创新能力在创新链不同层面的特点，形成一套比较完整的指标体系和评估方法。通过指数测度，为综合评估创新型海洋强国建设进程，完善海洋科技创新政策提供支撑和服务。

2. 创新型海洋强国内涵

我国要建设海洋强国，亟须推动海洋科技向创新引领型转变。国际历史经验表明，海洋科技发展是推动实现海洋强国的根本保障，通过大力发展海洋科学技术，建立国家海洋创新综合评估指标体系，从战略高度审视我国海洋发展动态，强化海洋基础研究和人才团队建设，进一步推进国家海洋创新体系，实现以海强国的必然要求和战略选择，为经济社会各方面提供决策支持。

国家海洋创新指数评估将有利于国家和地方政府及时掌握海洋科技发展战略实施进展及可能出现的问题，为进一步采取对策提供基本信息，有利于国际、国内公众了解我国海洋事业取得进展、成就、趋势及存在的问题，有利于企业和投资者研判我国海洋领域的机遇与风险，有利于为从事海洋领域研究的学者和机构提供丰富信息。

纵观我国海洋经济的发展历程，大体经历了"三个阶段"：一是资源依赖阶段；二是产业规模粗放扩张阶段；三是由量向质转变阶段。海洋科技的飞速发展，推动创新型海洋产业规模不断发展扩大，成为海洋经济新的增长点。我国海域辽阔、海洋资源丰富，但是多年的粗放式发展使得资源环境问题日益突出，制约了海洋经济的进一步发展。因此，只有不断地进行海洋创新，才能促进海洋经济的健康发展，使我国尽快步入"创新型海洋强国"行列。

"创新型海洋强国"的最主要特征是国家海洋经济社会发展方式与传统的发展模式相比发生了根本的变化。创新型海洋强国的判别应主要依据海洋经济增长是否主要依靠要素（传统的海洋资源消耗和资本）投入来驱动，还是主要依靠以知识创造、传播和应用为标志的创新活动来驱动。

创新型海洋强国应具备以下4个方面的能力。

（1）具有良好的海洋创新环境；

（2）具有较高的海洋创新资源综合投入能力；

（3）具有较高的海洋知识创造与扩散应用能力；

（4）具有较高的海洋创新产出影响表现能力。

3. 指标选择原则

（1）评估思路体现海洋可持续发展思想。不仅要考虑海洋创新支持和整体发展环境，还要考虑经济发展与知识成果可持续性等指标，同时兼顾指数的时间过程展示。

（2）数据来源具有权威性。基本数据必须来源于公认的国家官方统计和调查。通过正规渠道定期搜集，确保基本数据的准确性、权威性、持续性和及时性。

（3）指标具有科学性、现实性和可扩展性。海洋创新指数与各项分指数之间逻辑关系严密，分指数的每一指标都能体现科学性和客观现实性思想，尽可能减少人为合成指标，各指标均有独特的宏观表征意义，定义相对宽泛，非对应唯一狭义数据，便于指标体系的扩展和调整。

（4）评估体系兼顾我国海洋区域特点。选取指标以相对指标为主，兼顾不同区域在海洋创新投入产出效率、创新活动规模和创新领域广度上的不同特点。

（5）纵向分析与横向比较相结合。既有横向的各沿海区域比较，也有纵向的历史发展轨迹分析。

4. 指标体系构建

创新是指从创新概念提出到研发、知识产出再到商业化应用转化为经济效益的完整过程。海洋创新能力体现在海洋科技知识的产生、流动和转化为经济效益的整个过程中。应该从海洋创新资源的投入、知识创造与应用、绩效影响、创新环境的整个创新链主要环节来构建指标，评估国家海洋创新能力。本报告采用综合指数评估方法，从创新过程选择分指数，最终确定了海洋创新环境、海洋创新投入、海洋创新产出和海洋创新绩效4个分指数；遵循指标的选取原则，选择20个指标（见附表2-1）形成国家海洋创新指数评估指标体系，指标均为正向指标；再利用国家海洋创新综合指数及其指标体系对我国海洋创新能力进行综合分析、比较与判断。

海洋创新环境：反映一个国家海洋创新活动所依赖的外部环境，主要包括相关海洋制度创新和环境创新。其中，制度创新的主体是政府等相关部门，主要体现在政府对创新的政策支持、对创新的资金支持和知识产权管理等方面；环境创新主要指创新的配置能力、创新基础设施、创新基础经济水平、创新金融及文化环境等。

海洋创新投入：反映一个国家海洋创新活动的投入力度，创新型人才资源供给能力以及创新所依赖的基础实施投入水平。创新投入是国家海洋创新活动的必要条件，包括科技资金投入和人才资源投入等。

海洋创新产出：反映一个国家的海洋科研产出能力和知识传播能力。海洋创新产出的形式多种多样，产生的效益也是多方面的，本报告主要从海洋发明专利和科技论文等角度评估海洋创新的知识积累效益。

海洋创新绩效：反映一个国家开展海洋创新活动所产生的效果和影响。海洋创新绩效分指数从国家海洋创新的效率和效果两个方面选取指标（见附表2-1）。

附表2-1　国家海洋创新指数指标体系

综合指数	分指数	指标	
国家海洋创新指数 A	海洋创新环境 B1	1.沿海地区人均海洋生产总值	C1
		2.R&D经费中设备购置费所占比重	C2
		3.海洋科研机构科技经费筹集额中政府资金所占比重	C3
		4.海洋专业大专及以上应届毕业生人数	C4
	海洋创新投入 B2	5.研究与发展经费投入强度	C5
		6.研究与发展人力投入强度	C6
		7.科技活动人员中高级职称所占比重	C7
		8.科技活动人员占海洋科研机构从业人员的比重	C8
	海洋创新产出 B3	9.万名科研人员承担的课题数	C9
		10.亿美元经济产出的发明专利申请数	C10
		11.万名R&D人员的发明专利授权数	C11
		12.本年出版科技著作（种）	C12
		13.万名科研人员发表的科技论文数	C13
		14.国外发表的论文数占总论文数的比重	C14
	海洋创新绩效 B4	15.海洋科技成果转化率	C15
		16.海洋科技进步贡献率	C16
		17.海洋劳动生产率	C17
		18.科研教育管理服务业占海洋生产总值的比重	C18
		19.单位能耗的海洋经济产出	C19
		20.海洋生产总值占国内生产总值的比重	C20

附录三　指标解释

C1. 沿海地区人均海洋生产总值

按沿海地区人口平均的海洋生产总值，它在一定程度上反映了沿海地区人民生活水平的一个标准，可以衡量海洋生产力的增长情况和海洋创新活动所处的外部环境。

C2. R&D 经费中设备购置费所占比重

海洋科研机构的R&D经费中设备购置费所占比重，反映海洋创新所需的硬件设备条件，一定程度上反映海洋创新的硬环境。

C3. 海洋科研机构科技经费筹集额中政府资金所占比重

反映政府投资对海洋创新的促进作用及海洋创新所处的制度环境。

C4. 海洋专业大专及以上应届毕业生人数

反映一个国家海洋科技人力资源培养与供给能力。

C5. 研究与发展经费投入强度

海洋科研机构的海洋研究与试验发展（R&D）经费占国内海洋生产总值的比重，也就是国家海洋研发经费投入强度指标，反映国家海洋创新资金投入强度。

C6. 研究与发展人力投入强度

每万名涉海就业人员中R&D人员数，反映一个国家创新人力资源投入强度。

C7. 科技活动人员中高级职称所占比重

海洋科研机构内从业人员中高级职称人员所占比重，反映一个国家海洋科技活动的顶尖人才力量。

C8. 科技活动人员占海洋科研机构从业人员的比重

海洋科研机构内从业人员中科技活动人员所占比重，反映一个国家海洋创新活动科研力量的强度。

C9. 万名科研人员承担的课题数

平均每万名科研人员承担的国内课题数，反映海洋科研人员从事创新活动的强度。

C10. 亿美元经济产出的发明专利申请数

一国海洋发明专利申请数量除以海洋生产总值（以汇率折算的亿美元为单位）。该指标反映了相对于经济产出的技术产出量和一个国家的海洋创新活动的活跃程度。三种专利（发明专利、实用新型专利和外观设计专利）中发明专利技术含量和价值最高，发明专利申请数可以反映一个国家的海洋创新活动的活跃程度和自主创新能力。

C11. 万名 R&D 人员的发明专利授权数

平均每万名R&D人员的国内发明专利授权量，反映一个国家自主创新能力和技术创新能力。

C12. 本年出版科技著作（种）

指经过正式出版部门编印出版的科技专著、大专院校教科书、科普著作。只统计本单位科技人员为第一作者的著作。同一书名计为一种著作，与书的发行量无关，反映一个国家海洋科学研究的产出能力。

C13. 万名科研人员发表的科技论文数

平均每万名科研人员发表的科技论文数，反映科学研究的产出效率。

C14. 国外发表的论文数占总论文数的比重

一国发表的科技论文中国外发表的论文所占比重，反映科技论文的高质量程度。

C15. 海洋科技成果转化率

衡量海洋科技创新成果转化为商业开发产品的指数，是指为提高生产力水平而对科学研究与技术开发所产生的具有实用价值的海洋科技成果所进行的后续试验、开发、应用、推广直至形成新产品、新工艺、新材料，发展新产业等活动占海洋科技成果总量的比值。

C16. 海洋科技进步贡献率

海洋科技进步贡献率的定义应以海洋科技进步增长率的定义为基础，是指在海洋经济各行业中，海洋科技进步增长率在整个海洋经济增长率中所占的比例。而海洋科技进步增长率则是指人类利用海洋资源和海洋空间进行各类社会生产、交换、分配和消费等活动时，剔除资金和劳动等生产要素以外其他要素的增长，具体是指由技术创新、技术扩散、技术转移与引进引起的装备技术水平的提高、技术工艺的改良、劳动者素质的提升以及管理决策能力的增强等。

C17. 海洋劳动生产率

采用涉海就业人员的人均海洋生产总值，反映海洋创新活动对海洋经济产出的作用。

C18. 科研教育管理服务业占海洋生产总值的比重

反映海洋科研、教育、管理及服务等活动对海洋经济的贡献程度。

C19. 单位能耗的海洋经济产出

采用吨标准煤能源消耗的海洋生产总值，用来测度海洋创新带来的减少资源消耗的效果，也反映一个国家海洋经济增长的集约化水平。

C20. 海洋生产总值占国内生产总值的比重

反映海洋经济对国民经济的贡献，用来测度海洋创新对海洋经济的推动作用。

附录四　国家海洋创新指数评估方法

国家海洋创新指数的计算方法采用国际上流行的标杆分析法，即洛桑国际竞争力评价采用的方法。标杆分析法是目前国际上广泛应用的一种评估方法，其原理是：对被评估的对象给出一个基准值，并以此标准去衡量所有被评估的对象，从而发现彼此之间的差距，给出排序结果。

1. 指标数据处理

对我国三大海洋经济圈20个指标的原始值分别进行无量纲归一化处理。

无量纲化是为了消除多指标综合评估中，计量单位上的差异和指标数值的数量级、相对数形式的差别，解决指标的可综合性问题。

指标采用直线型无量纲化方法，即

$$y_{ij} = \frac{C_{ij} - \min\limits_{i} C_{ij}}{\max\limits_{i} C_{ij} - \min\limits_{i} C_{ij}}$$

式中：$i = 1 \sim 3$；$j = 1 \sim 20$；C_{ij} 表示第 i 个经济圈的第 j 项指标。

2. 分指数计算

采用等权重计算分指数得分 $\bar{B}_{ik}$。

$$B_{i1} = \sum_{j=1}^{4} \beta_i y_{ij}$$

$$B_{ik} = \sum_{j=1}^{5} \beta_i y_{i(j+5k-6)} \quad (k = 2 \sim 3)$$

$$B_{i4} = \sum_{j=15}^{20} \beta_i y_{ij}$$

$$\bar{B}_{ik} = 100 \times B_{ik} / \max(B_{ik}, i = 1 \sim 3)$$

式中：β_i 为权重，$i = 1 \sim 3$；$k = 1 \sim 4$。

3. 海洋创新指数计算

采用等权重计算出国家海洋创新指数A_i，并据此给出三大海洋经济圈的排序。

$$A_i = \sum_{k=1}^{4} \omega_k \overline{B}_{ik}$$

式中：ω_k为权重；$i = 1 \sim 3$。

4. 国家海洋创新指数的增长计算方法

采用海洋创新评估指标体系中的指标，利用2001—2012年指标数据，以2001年为基年（得分为100），分别计算以后各年的海洋创新指数与分指数得分，与基年比较即可看出国家海洋创新指数增长情况。

（1）分指数计算

采用等权重计算出分指数得分$\overline{B}_{ik}$。

$$y_{ij} = \frac{100 C_{ij}}{C_{1j}}$$

式中：$j = 1 \sim 20$为指标序列号；$i = 1 \sim 12$为2001—2012年编号。

$$\overline{B}_{i1} = \sum_{j=1}^{4} \beta_i y_{ij}$$

$$\overline{B}_{ik} = \sum_{j=1}^{5} \beta_i y_{i(j+5k-6)}$$

$$\overline{B}_{i4} = \sum_{j=15}^{20} \beta_i y_{ij}$$

式中：β_i为权重，$i = 1 \sim 12$；$k = 2 \sim 3$。

（2）国家海洋创新能力增长指数计算

采用等权重计算出国家海洋创新指数A_i，并据此得出历年指数值。

$$A_i = \sum_{k=1}^{4} \omega_k \overline{B}_{ik}$$

式中：ω_k为权重（等权重为1/4[①]），$i = 1 \sim 12$，$k = 1 \sim 4$。

①采用《国家创新指数》的权重选取方法，取等权重。